拉个屎屎有多难

段张取艺 著绘

传统文化 有意思

中信出版集团 | 北京

图书在版编目（CIP）数据

拉个屁屁有多难 / 段张取艺著绘 .

北京 : 中信出版社 , 2024. 10. -- (传统文化有意思).

ISBN 978-7-5217-6889-3

Ⅰ . TU241.044-49

中国国家版本馆 CIP 数据核字第 2024EJ6520 号

拉个屁屁有多难

（传统文化有意思）

著　　绘：段张取艺

出版发行：中信出版集团股份有限公司

　　　　　（北京市朝阳区东三环北路27号嘉铭中心　邮编　100020）

承 印 者：北京联兴盛业印刷股份有限公司

开　　本：787mm×1092mm　1/16　　　印　张：10　　　字　数：305千字

版　　次：2024年10月第1版　　　　　印　次：2024年10月第1次印刷

书　　号：ISBN 978-7-5217-6889-3

定　　价：39.80元

小朋友们，看我看我！我是小飞龙，能穿越时空的小飞龙！

你知道吗，宋代的一家胡饼店光是炉子就有五十多座，壮观吧！你知道吗，曾经有一位国君居然上厕所的时候被淹死了，奇怪吧！我们的老祖宗一开始是不穿裤子的，你也没想到吧！更让人意外的是我们古代人穿鞋是不分左右脚的！

这一次，让我来给大家当导游，带大家穿越到古代，看看不一样的古代生活，来一次古代"深度游"吧！

目录

花样百出的面食

夹缝中生存的小麦

面食是由小麦磨成粉后制成的，但从小麦在中国扎下根来，再到变成面食的过程，漫长且曲折。为什么这么说呢？因为这个看上去土生土长的小麦其实是个"外来户"。没错，小麦原产地在西亚，是从西亚跋山涉水来到中国的。

最早的小麦品种叫作"一粒小麦"，它的小穗常常只结一粒籽！一粒小麦不断与其他杂草杂交，最终才长成了能结麦穗且有很多籽的普通小麦。

你们种小麦吗？

我们南方要种水稻。

我们北方要种小米。

小麦来了之后，发现要和小米、水稻抢地盘，开始有点尴尬。好在人们发现小麦较为耐寒，可以越冬生长，还可以和小米、水稻交替着种，这下小麦终于找到了它的定位，人们也逐渐开始接受小麦。

秋天种下，初夏就可以收割了。

就算夏季遇上旱灾，我们也有粮食吃了。

春种秋收的叫旋麦，秋种夏收的叫宿麦。

麦子难吃却很重要

人们先把小麦煮熟了吃，发现简直难以下咽。然后用木杵和石臼把它捣碎，煮成汤，勉强能吃。可是这种吃法只能填腹充饥，救济灾荒还行，口感就完全谈不上了。

口感先放一边，吃饱肚子就行。

但麦子成熟对于国家的意义重大，因为可以让老百姓不饿肚子。所以，新麦成熟后做成的第一碗"食物"要由国君在祭祀时献给祖宗，然后品尝。

这个就叫麦仁汤！

汉代史游在《急就篇》中写道："饼饵麦饭甘豆羹。"唐代的颜师古解释说："麦饭，磨麦合皮而炊之也。"在当时，"麦饭豆羹皆野人农夫之食耳"。

春秋时期晋国的君主晋景公生病了，巫医说他吃不上当年的新麦了。

不久后，新麦熟了，晋景公让人拿来尝尝，还叫来巫医，想证明巫医说错了，并借机杀了那个"满口胡言"的巫医。

麦子拿来正要吃时，晋景公突然腹胀，急忙跑去上厕所。

等寡人回来再尝新麦！

谁也没想到，晋景公居然掉到厕所里淹死了，果然如巫医所言，没能吃上当年的新麦。

5

《石磨带来的革命》

孔子是位大学问家，同时也是个"吃货"，他在《论语》中说"食不厌精，脍不厌细"，对美食的追求总能激发人们无穷的想象力和创造力，就这样，石磨出现了。

先把小麦磨成粉。

晋朝人束皙在《饼赋》中写道："重罗之面，尘飞雪白。"说的是用"罗"筛了两次的面粉，显得细如尘，白如雪。

有了石磨，就可以把小麦磨成面粉，再加上水，神奇的变化就发生了，小麦摇身一变，成了面团！这下小麦终于要甩掉"垫底备胎"的角色，开始向着美食界主角的方向迈进了。

然后用"罗"筛一筛，把面粉和麦麸分开。

再加水和成团。

最后把面团做熟，真正的面食就诞生啦！

首先登场的汤饼

面团有了，该如何吃呢？水煮自然是首选。汉朝时把煮出来的面食叫汤饼。汤饼有点像现在的面片汤，热腾腾的连汤带饼吃下去，冬天可以暖胃驱寒，夏天更是满头大汗。

太好吃了！

太热了！

汉朝时，汤饼也是宫廷美食，宫廷里有专门给皇帝做面食、糕点的大厨。

三国时魏国有个叫何晏的美男子，肤色十分白净。魏明帝怀疑何晏每天都"带妆上班"，于是故意在夏天让他吃汤饼，想让汗水冲掉他脸上的妆。结果何晏吃得汗流满面，脸颊微红的样子却比以往更加好看。

蒸着吃的馒头也来了

　　仅仅是水煮怎么能满足人们的需求？蒸着吃的馒头很快也出现了。传说蜀国丞相诸葛亮带大军行进，过泸水时遇到很大的风浪。按照当地的习俗，要用"蛮人"的头祭祀才能顺利渡江。

诸葛亮不愿意杀人，想了个好办法，把面做成人头的形状，起名叫"蛮头"，用这个来祭祀。"蛮头"后来演变成了"馒头"，不仅成了常见的面食，还是祭祀时常用的物品。

平平安安！

馒头是发酵过的面食。有关发酵技术的最早记载可追溯到南北朝时期，古人会用发酵过的米汤或者酒来使面团变得疏松。

烤着吃的胡饼香喷喷

烤着吃的胡饼来自西域。在面饼上撒上芝麻，烤熟后香气四溢。胡饼的水分含量少，适合长期保存。丝绸之路上往来的客商，就靠这香喷喷的胡饼充饥做着跨国贸易。

白居易不光是给好友寄了胡饼，还专门写了一首诗《寄胡饼与杨万州》来纪念此事："胡麻饼样学京都，面脆油香新出炉。寄与饥馋杨大使，尝看得似辅兴无。"

新疆的馕是由胡饼演化而来的。

唐代诗人白居易也是个"吃货"，他很爱吃胡饼，不仅爱吃，他还把和都城长安辅兴坊胡饼味道相似的四川胡饼，寄给在万州当刺史的好朋友杨敬之吃。

13

精致馄饨更美味

唐朝大臣韦巨源升官后，曾经大摆烧尾宴，席间上了一道"生进二十四气馄饨"。它需要用二十四种鲜美食材做馅儿，再用面皮包成二十四种花朵的样子。

美不可言！
美不可言！

烧尾宴：唐朝官员升官后向皇帝表示感谢摆的宴席，皇帝一般也会参加，是唐朝高端宴席的代表之一。

吃这种馄饨的时候，每人面前要放一个小火锅，里面加有热乎乎的鲜汤，可以做到"现煮现吃"。美味的馄饨果然打动了皇帝，唐中宗吃后赞不绝口，韦巨源也更加得宠了。

大家一起磨面粉

面食好吃花样又多，这就导致市场对面粉的需求急增。原本用的是人推、驴拉的方式来磨面，此时已经远远跟不上节奏了。石磨的技术革新也就被推动了起来，以流水为动力的水磨正好可以解决这个问题。

唐朝水磨坊很赚钱，被皇室、豪门和寺院垄断经营。"京城邸第，田园水硙，利尽上腴"说的就是宰相李林甫的产业。其中"水硙"指的就是水磨。

一时间，开面粉厂成了热门产业。大宦官高力士干脆在沣水上建了一个水坝，然后在下游修了水磨坊，日产面粉三百斛，赚了个盆满钵满。

这次咱们比李相公赚得还多！

赵大饼的超级大饼

　　五代十国的时候，有人把做饼的手艺打磨到了极致。这人叫赵雄武，外号赵大饼，据说他做一张饼光面粉就要用掉差不多三升，做出的饼有几间屋子那么大！

我已经是第三波来吃饼的了！

连当时的皇帝都听说了这神奇的大饼，请他为宫廷宴会制作大饼。可惜，赵雄武故去后，做出超级大饼的方法就失传了。

现代人都做不出这么大的饼！

皇上，这饼够大吧！

甚好甚好！这么多人都吃不完一张饼！

东京汴梁的面食记忆

到了宋朝，面食的发展已经到了一个匪夷所思的阶段，汴梁大街上的铺子、游走的小贩筐中，还有庙会现场都有各式各样的面点售卖。

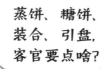

蒸饼、糖饼、装合、引盘，客官要点啥？

宋朝的孟元老写了一本《东京梦华录》，其中就有汴梁城里各式面点的记载。

门油、菊花、宽焦、侧厚、髓饼、新样、满麻，大家来看一看喽!

油饼店、胡饼店卖着五花八门的面点小吃。武成王庙前海洲张家、皇建院前郑家的生意最好，每家的炉子就有五十多个，可见生意是何等兴隆。

老习惯，买四张胡饼!

娘子，张家饼铺到了。

南方也有了美味面食

传说，南宋时有个做面点的小贩，他痛恨害死抗金英雄岳飞的奸臣秦桧夫妇，就把两块面团捏成他们，扔进油锅里炸，称之为"油炸桧"。

把这两个坏东西下油锅！

春秋战国时期，一种好吃的油炸面食——馓子受到了人们的喜爱，它和麻花之类的冷食成为了寒食节的人气零食。渐渐地，这类食品被称为"寒具"。大诗人苏轼曾这样形容馓子："纤手搓来玉数寻，碧油轻蘸嫩黄深。"

馓子

没想到油炸桧蓬松酥软，实在太美味了！我要再来一根！

原来油条两根叠在一起是这么个来历。

没想到，油炸桧好吃得不得了，供不应求。小贩来不及捏成人形，便简化成两根长条面团。于是，人们爱吃的油条就这么诞生了，两条长面团叠在一起的标准油条造型一直流传至今。

过节吃的面点各不相同

　　制作面食的灵感还来自各种节日。春节吃饺子，立春吃春饼，七夕吃巧果，中秋吃月饼，冬至吃馄饨……面食里有节日的记忆，也承载着人们美好的愿望。

能穿针孔的龙须面

　　明朝时，面条的制作水平达到一个新高度，"抻面"的技术在明朝首次出现。一个圆圆的面团，在厨师手里拉扯几次，就能变得又细又长。厨师们也用面食来炫技。

反复对折抻拉能让面团更有韧劲。

我国最早的面条实物是在青海出土的，距今已有 4000 多年的历史了，它的原材料是小米或黄米，而不是小麦。

这不仅是食物，也是艺术！

　　如果把面条抻得很细很细，它甚至会像龙须一样，因此得名龙须面。最细的龙须面条甚至能从针孔中穿过去！

面食又有了新朋友

　　明朝以前，我们是没有辣椒这种蔬菜的。想在面食中放点辣椒调味，那得等意大利航海家哥伦布发现美洲大陆后。直到那时，美洲的辣椒、红薯、土豆、玉米等新作物才开始陆续传入中国，做面食的原料和调料都更新了。

这个宝贝就叫辣椒吧！

　　辣椒先是被哥伦布带回了欧洲，然后从欧洲传到了北非、中亚和东南亚各地。明朝末期，辣椒终于来到了我国，成为大众餐桌上的重要食品。

如今，我们不仅能吃到小麦做的白面，还能吃到玉米做的"黄面"、红薯做的"灰面"。想让面拥有不同的颜色、不同的滋味、不同的营养成分，在制作面食时还可以加入各种调料、蔬菜、肉类。

29

宫廷面点也就那样

到了清朝，面食的种类更加丰富，民间的面食制作中每个地方有每个地方的特色，比如扬州的面条天下闻名，一碗过桥鲜，好吃到"一箸值千钱"。

扬郡面馆，美甲天下！

酥儿烧饼层层酥脆，焦香扑鼻。

《扬州画舫录》记载的多种馅料的烧饼、灌汤包子、没骨鱼面，《邗江三百吟》中写的荷叶甲，《扬州好》一词中写的"肥烤鸭皮包饼夹，浓烧猪肉蘸馒头"……光看文字都能想象得出有多好吃。

肥烤鸭皮包饼夹好吃不腻，让人大饱口福。

　　民间都这样了，那宫廷的面点岂不是好吃到极致？其实未必。清朝皇宫的面点原材料中少有山珍海味，基本上都是些一般的食材。皇室成员不好伺候，御厨更愿意求稳，没法发挥真正的水平。

做创新菜不难，可万一贵人们吃出问题就麻烦了！

对！丢了工作是小事，只怕小命都保不住！还是稳妥点好。

我还是愿意去扬州大吃特吃！

31

新时代面食工艺

到了现在，面食的发展达到了古时候无法想象的地步，无论是花样还是口感，都在不停地更新迭代。光是一个方便面就能衍生出无数个品种供我们选择。

航天员的太空餐中也有"方便面"，它的配菜包采用了更健康的冻干技术，重量轻，外观美，最大限度保留了食品本身的营养。

方便面的波浪形面条弯弯曲曲的，面条间便有了更多间隙让开水流入，这样面饼便容易被冲泡开。

我的龙涎都要流出来了！

方便面仅仅是现代面食的一种，现代的面食品种之繁多古人无法想象。从难以下咽到占据我们的胃，面食的制作技法还在继续发展，我们的饮食文化也在继续传承。

有趣的面食

越炸越大的空心麻球

糯米粉混小苏打，外面裹上芝麻。油炸时麻球就会膨胀，越炸越大，直径可达几十厘米，十分酥脆。

嗞——嗞——

哇！

面条馅儿的馒头

面团加糖和好，发酵后擀成片，剩下的面抻成细丝，裹上面粉，包裹在面片里，蒸熟后内外分层，入口香甜，名为银丝卷。还可以油炸，风味更佳。

34

一层又一层的饼

把面擀成薄片，刷一层油避免面粘连在一起，对折后再擀成薄片并刷油，这样不停地对折、擀薄、刷油，烙出来的饼就会层层叠叠，称作千层饼。

好长的面条啊!

一根装一碗的面条

将和好的面团搓成长条，抹上油，盘在碗里，等水烧开后，就从长条的一端开始搓成细条，边搓边下锅，煮熟后就只有一根，而且非常筋道。吃的时候试试从头吃到尾，这样更有感觉。

孙宝称饊

生活在汉朝的孙宝是个很聪明的官员。有一次，一个小贩在他的辖区卖饊子，结果一个冒失鬼把小贩的饊子全都撞到地上摔碎了。

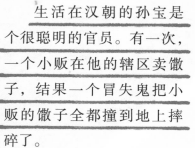

对不起！我不是故意的……

三百枚！

五十枚！

撞坏东西当然要赔偿了，可是两方因为赔偿的钱数争执不下。小贩坚称他的饊子值三百枚钱，冒失鬼却说最多只值五十枚。

孙宝想到一个好办法：先在别的小贩那里称一下一个馕子多重，再称一称地上碎掉的馕子有多重，就能知道撞碎了多少馕子了。

对于这样的处理结果，两方都十分满意，心服口服。

主粮演变小史

原始时期

稻　粟　黍

南方以稻为主要粮食，北方以粟、黍为主。

秦汉时期

稻　粟　麦

稻、粟成为主要粮食。小麦得到推广。

魏晋时期

麦

小麦开始普及，成为北方主粮。

唐宋时期

稻　麦　豆豉　豆腐

形成了"南米北面"的主粮格局。豆类制品进化成豆腐、豆豉等。

元明清时期

玉米　土豆　红薯

玉米、土豆、红薯传入中国，解决了灾荒问题。

现代

稻　麦　玉米

水稻、小麦、玉米成为主粮。我国发明了杂交水稻技术，为全球粮食安全做出了贡献。

一米一粟，当思来之不易。从种子的偶然生根，到人类开始耕种、收获，离不开一代代农人的付出。珍惜粮食，好好吃饭。禾下乘凉的梦想，我们一起实现！

古人怎么上厕所

出门踩屎的烦恼

　　人们还没有发明厕所的时候，想要解手就只有一种方式——随地大小便！你没看错，就是随地大小便。等到越来越多的人聚居在一起后，烦恼也就来了：一不小心就会踩到屎！

　　本想开开心心地去打个猎，采集点果子，却一脚踩了一泡新鲜热乎的屎，实在是影响心情！于是，人们开始安排设计专门拉屎的地方。

粪坑：考古学家在半坡遗址发现，当时的人们安排了专门拉屎的地方——挖个土坑，满了就埋起来，然后再挖一个新的。这就是粪坑。

41

茅房诞生记

人类社会在发展，人们开始想办法让自己蹲坑的时候更舒服点。

加个垫脚的木板或是石板，脚就舒服了很多。

搭个茅草棚子，下雨的时候也能安心拉臭臭了。

再用树枝、茅草搭个"围墙"，拉屎的时候就不用担心被别人盯着看了。就这样，真正意义上的厕所诞生了！

厕所深了会坑人

粪坑里的屔屔满了后必须及时清理，但清理粪坑并不是件令人愉快的事情。因此，人们就把粪坑挖得很深很深，这样可以减少清理的次数。

粪坑还没满，不用着急清理。

有道理，不过君上怎么还不出来？

缸式厕所：除了深坑之外，还有一种容量大的厕所，即在浅坑里放置大缸，缸内盛水，缸口架两个木板落脚，这样清理起来更方便。

只不过，坑挖得深了也会带来一定的风险。据《左传》记载，春秋时期，晋景公因在饭前腹胀，去了趟厕所，结果掉进坑里死了。

这恐怕是死得最特别的国君了。

咕咚！

汉代的高端厕所

用蓄水池储水!

到了汉代，贵族们对厕所进行了升级。他们在原本简陋的坑上安装了坐便器，还设计了用水冲洗的系统!

《周礼》记载，西周宫廷厕所建有收集污水的蓄水池，用蓄水池里的水冲洗厕所，将屎尿冲入粪坑，但当时周天子的专用厕所到底长什么样子，至今还未可知。

便池设计成斜口，方便冲水!

还有专门的人负责厕所卫生，粪便会被及时清理，保证厕所不会有什么味道。

"上厕所"的由来

为什么我们会说"上厕所"而不是"下厕所"？有种观点是：在秦汉时期，人们把厕所和猪圈建在一起，厕所修建在猪圈一角的高台之上，久而久之就形成了"上厕所"的说法。

这样就不用人来清理了。

这样修建厕所是为什么呢？其实是人们发现猪居然吃屎！而古时候饲养猪的成本很高，用尼尼来喂猪可以节省一部分饲料，同时还可以清理粪便，这不正好一举两得嘛。

猪厕有两大优点，既利用猪来清理粪便，又方便将猪粪和人粪汇集到一起做粪肥。

不想去厕所的绝招

不想去厕所怎么办？尤其是晚上睡觉之后，谁也不愿意跑到外面去上厕所。于是人们想了个偷懒的办法：搞个器皿接小便就行。人们还把这个器皿做成老虎的样子，大家管这玩意儿叫虎子。

前端开口，背有提手！

汉代有个职位叫作侍中，需要负责很多工作，其中一项就是为皇帝拿虎子。当时的大将军卫青就担任过侍中。

大家都是刮屁股

如今，上厕所用纸擦屁股是一件普通得不能再普通的事。可是，纸是汉代才发明出来的，曾经十分昂贵，谁也没想过用它擦屁股。古时候，大家用一种叫厕筹的东西来擦屁股，准确地说是刮屁股。

厕筹用锦囊装好了！

厕筹：削得光滑的竹片或木片，可以重复使用。厕所通常备两个桶，一个放干净的厕筹，一个放用完的厕筹。脏了的厕筹可以用水洗干净后再利用。

要多少有多少！

晋朝富豪石崇家里的厕所装饰得富丽堂皇，他刮屁股的工具也是厕筹，但他家的厕筹是用贵重的锦囊装着。

这个石崇家的厕所装饰得跟卧室似的，完全拉不出来呀！

这样的厕所确实让人没有拉屎的感觉……

可是，再高级的厕筹也刮不干净拉完屁屁的屁屁，没条件的人只能接受屁股臭烘烘的事实，有条件的人会用清水冲洗，甚至熏香、沐浴，这样上厕所的过程才算结束。

拉肚子了……

沐浴后舒服多了。

古人的衣服复杂，里里外外，长长短短，不脱掉外面的长衣就没办法顺利拉屁屁。像石崇那样的人，上完厕所还要换身衣服。因此，上厕所也被叫作更衣。

55

终于可以用纸擦了

多亏了造纸术的不断进步，咱们有厕纸用啦！

到了宋朝，造纸技术有了长足的发展，纸的品类变得十分丰富，制作成本也极大地降低了，人们生活的方方面面都可能用到纸。人们终于可以用厕纸来擦屁股了。

厕纸：唐朝时期便有用纸擦屁股的记录，但从宋朝开始才有专门的厕纸。当时厕纸又叫毛纸、粗纸，用稻草做成，呈黄色，摸起来十分粗糙。

57

"与人方便"的公厕

城市规模越来越大，人口越来越多，在外面上厕所的需求变大了，私营公厕开始出现。明清时期的一些城市就有人做这桩"与人方便"的生意，据说这也是上厕所被称为"方便"的由来。

公厕的获利方式有两种：一种是赚方便钱，一种是收集粪便卖钱。古时候，粪便是重要的肥料来源，经过处理卖给农户，可获得收益。

清代有一篇小说讲了一个故事：一个叫穆太公的人将公厕开到了乡村，厕所干净整洁，还分男女，不收钱又提供厕纸，引得男女老幼都来光顾，穆太公凭借卖粪赚了不少钱。

紫禁城里没厕所

紫禁城里没有那种挖有粪坑的厕所，而是用专门的房间放置马桶，宫女、太监就在这种房间上厕所。

马桶：名字由"马子"衍生而来。现在马桶被用来统称各种坐便器。

这可是太后用的，仔细些！

皇帝和他的家人用的也是马桶，不过他们的马桶材质更贵重，装饰得更豪华，打扫得更干净，使用起来更舒适。

不可忽视的收粪人

清代的城市没有完善的下水道系统，城市居民用马桶上完厕所，必须等到收粪人路过时抓紧时间倒马桶。收粪人收集完粪便后再运送出城。

整个城市分成很多个片区，每一片居民区都有专门的收粪人。毕竟粪便能卖钱，跨区收粪可能还会闹矛盾呢！

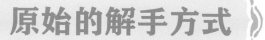

原始的解手方式

到了近代，城市人口大量增加，厕所建设的速度远远跟不上人口增长的速度，上厕所几乎成了令所有城市居民头疼的问题。

北京有一种不带顶的露天厕所，只用砖头砌成的成年人肩膀高的矮墙遮羞，甚至都没有门。

这个角落好臭！

这也是没办法！

民国时期，有的城市因为厕所数量不够，竟流行起就地解手，隐秘的角落几乎都成了人们默认的解手空间。

城市发展的噩梦

民国时期，城市的卫生情况不容乐观，有的城市私营公厕虽多，但环境很差，臭味四散，而且几乎没有女厕。新旧交替中的城市急需解决这些看似不起眼，却至关重要的问题。

厕所卫生差、上厕所难的问题不仅让城市臭气熏天，还会使各种病菌滋生，甚至引发传染病流行。因此，中华人民共和国成立后，解决厕所问题成了国民卫生改革的重中之重。

看不见的地下网络

　　排污网络是城市卫生保障的基础。安一个抽水马桶并不难，难的是建设相应的自来水管道、下水道、污水池等。中华人民共和国成立后，城市和乡村都在浩浩荡荡地进行地下排污网络的建设。

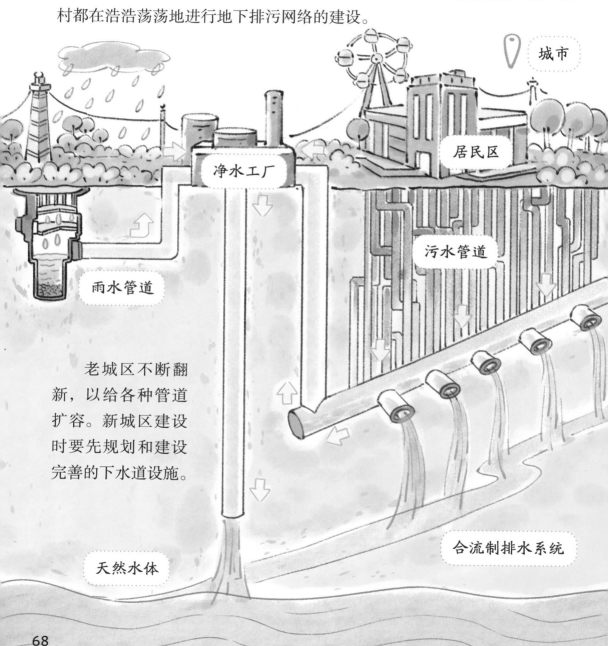

城市

净水工厂

居民区

雨水管道

污水管道

　　老城区不断翻新，以给各种管道扩容。新城区建设时要先规划和建设完善的下水道设施。

天然水体

合流制排水系统

乡村人口密度较小，采用
成本更低的双瓮漏斗式厕所、
沼气池等处理方式。

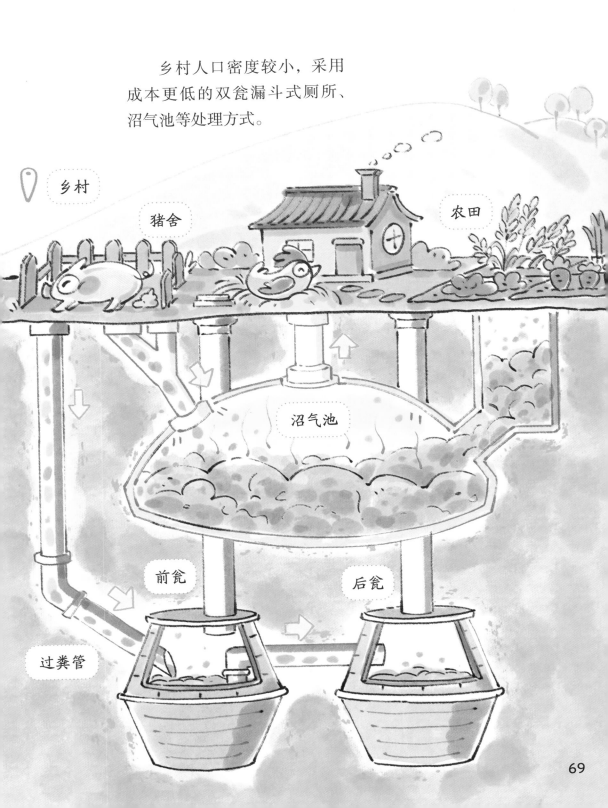

乡村

猪舍

农田

沼气池

前瓮

后瓮

过粪管

现代城市的方便生活

经过几十年的努力建设，我们的城市拥有了强大健全的排污系统，在城市规模日益扩大、人口不断增加的同时，保障着我们每天的如厕，让我们能安心学习、工作。

干净整洁的公厕

家里用的抽水马桶

移动厕所

乡村的新厕所

公厕

能舒舒服服上个厕所太幸福了。

虽然古代有很多有趣的东西，但厕所还是新一点的好啊！

知 识 加 油 站

上厕所的不同说法

出恭

　　古代科举考试期间，考生好几天都不能离开考场，所以元明时期考场便设有"出恭入敬"的牌子，如果想去厕所，就必须先领这个牌子。因此"出恭"就成了上厕所的文雅说法。

净手

　　上完厕所需要洗手，所以有些人会用"净手"来委婉地指代上厕所。

起夜

专用于半夜上厕所的情况，因为需要从床上起来，所以简称"起夜"。

放水火

据说，因为人内急之时，犹如身陷水火之中一样痛苦，所以大小便也被称为"水火"。古代监狱的官差会用"放水火"的委婉说法，放犯人去大小便。

知 识 小 趣 闻

"解手"一词的来历

明朝初年，中原地区经历多年天灾和战乱，人口锐减，皇帝就下令从山西地区抽调百姓，补充中原人口。

中原产粮地不能没有人！

据说，当时人们不愿意离开家乡，但被官兵拿绳子绑住手强行押送。洪洞县有一棵极大的槐树，是那些移民最后集合离开的地方，所以"洪洞大槐树"成了他们独特的祖先标识。

快点走！

被绑住手的移民如果想上厕所，就需要让官兵解开手上的束缚。久而久之，上厕所就被称为"解手"。

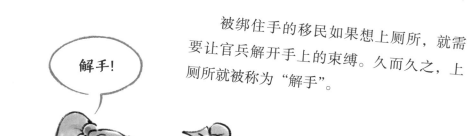

这批移民的后代又陆续迁徙到全国各地，如果你的老家也有"解手"的说法，可以问问大人们："我们也是从洪洞大槐树那边移民过来的吗？"

厕所小史

原始时期

土坑厕所

人们从随地大小便，发展为挖土坑上厕所。

秦汉时期

冲水厕所

猪厕

虎子

秦汉时期，诞生了最早的冲水厕所。这一时期也有与猪圈修在一块儿的"猪厕"和专门接小便的"虎子"。

唐宋时期

厕纸

出现专门的厕纸用来擦屁股。

明清时期

公厕

收粪车
马桶

私营公共厕所出现；居民开始使用马桶，并有专人收集粪便。

现代

城市排污系统

农村排污系统

城乡建设了强大的排污系统，人们上厕所从此不再发愁。

"拉撒"可不是一件小事，厕所这一小小的空间承载着每个人日常生活的必需。单从厕所的变迁史中就可以看见时代的发展。

传说，很久很久以前，有一个人看到人们都随便拿东西裹着身体跑来跑去。

天哪！

这样太容易走光了，得想个办法。

他苦思冥想，终于想出了一个法子。

有了！把兽皮或葛麻从中间裁开。

哇哦！

78

据说想出这个法子的人就是黄帝，他开启了文明时代，大家把这件事称为"垂衣裳而天下治"。

那腿怎么办？

虽然穿上了衣裳，但腿还是光溜溜的。那天冷的时候人们怎么办呢？

在古代，这种开裆的裤子叫作"袴"。袴有两种，一种叫作"胫衣"，完全无裆，用带子把裤管系在腰带上。

带子系到腰带上。

裤管从小腿穿进去。

原来是这样穿的呀！

还有一种袴有一部分裆，并用裤腰把两条裤管从前面连在一起，于是，开裆裤诞生了！

不用系那么多带子，更方便啦！

这样还能保护小肚子！

穿着开裆裤虽然上厕所十分方便，但平时容易走光，所以古人常常把开裆裤穿在衣裳或者深衣里面。

注：深衣是一种上衣和下裳相连的衣服。

后面是开裆的。

前面封裆。

那当时的中原人是什么时候穿上和我们的裤子相似的下装呢？

开裆裤惹麻烦了！

穿开裆裤也有很多不方便的地方。战国时期，赵国有一位国君，他认为北方的游牧民族骑马打仗非常厉害。

要是我们也能骑马就好了！

穿着开裆裤怎么骑马呀！

他仔细观察后发现，原来游牧民族的短衣、长裤、窄袖便于活动，而且裤子都是合裆的！穿了合裆裤骑马就很方便，这样骑兵的战斗力就会大幅度提升。

把裆缝上试试吧！

于是，赵武灵王决定推行一项穿裤子的改革，他第一个穿上了游牧民族的裤子，去朝堂上和大臣们开会。

大王怎么穿得这样奇怪？

我们不仅要学胡人的衣服样式，还要学他们的骑射！

前后都有裆的裤子，
在古代被称作"裈"。
在中原，起初只有地
位很低的人会穿裈。

前后都是封
起来的。

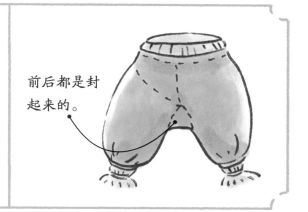

因为北方游牧民族当时被统称为"胡人"，所以这
项改革就被称作"胡服骑射"。在这之后，赵国的骑兵
变得非常厉害，赵国也成为战国时期的霸主之一。

谁穿这种裤子？

然而改革后的裤子并没有在所有人群中推广开来，中原人还是觉得穿衣裳或者深衣才得体。但得体的衣服不是所有人都穿得起，西汉的司马相如曾经就因为很穷，开酒馆维持生计，穿着犊鼻裈干活。

犊鼻裈，就是用布把前后裆都围起来，非常短。

这犊鼻裈看着也太清凉了……

司马相如的岳父卓王孙是一个有钱、有地位的大富翁，觉得女婿干这种活实在太丢人了，于是给了他一笔钱。这下子，司马相如能穿上得体的衣裳了。

谢谢岳父！

你肯定是故意的……

穿裤子也要优雅！

随着南北方各民族越来越多地生活在一起，中原人终于不再觉得穿裤子奇怪了，并且把裤子和裳进行了融合。

新裤子！
新潮流！

飘逸优雅！

大口裤是裤脚十分宽大的合裆裤，站立时形似裙子。

好像现在的喇叭裤！

中原人以前穿的上衣下裙被称为"衣裳"，而这种上穿长度不过膝的交领衣、下穿大口裤的装束被称为"裤褶"。

时尚！

我这样系一下更方便！

穿大口裤行动不方便，所以人们常常在膝下的位置用绳带系一下。因此，这种裤子又被称作缚裤。

又优雅，又方便！

都得穿上汉服!

当中原人向北方民族学习时,北方民族中也出现了一位羡慕中原文化的皇帝,他不仅把国都迁到了位于中原的洛阳,还要求臣民都学习中原人的穿着。

我是鲜卑族,为什么一定要穿汉服?

好长呀!

北方民族的裤子主要是裤脚较小的小口裤,被称作"胡裤"。

赶紧换掉!

糟了!今天穿的是胡裤!

这位皇帝是北魏孝文帝。除了服饰，他还进行了其他一系列改革，这些举措被统称为"孝文改制"。孝文改制让南北方民族的穿衣方式更加接近了。

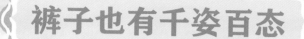

裤子也有千姿百态

到了唐朝，随着国家更加开放、富强，更多民族的人涌入长安生活。更多种类的裤子也跟着走进了人们的日常生活。

> 除了大口裤、小口裤，还有好多没见过的裤子！

> 哇哦！那个小孩穿的是背带裤哇！

> 那女孩穿的条纹裤真漂亮！

唐朝女子穿的条纹裤往往上端宽大，裤脚收紧。这是从波斯传过来的裤子样式，被称作"波斯裤"。

这个圆领袍衫不是男装吗?

在咱们大唐，女孩子穿男装很正常!

唐朝人原来这么时尚!

大口裤还是窄裤?

以后上朝都穿裤褶装!

唐朝流行穿裤子，唐太宗甚至把裤子作为朝会的礼服。在皇帝的带头"推广"下，裤子成为了当时的时尚单品。朝廷上甚至还出现了穿着大口裤和小口窄裤的两类人。

正统文人就该穿大口裤。

大口裤属于宽大的裤褶装。

窄裤则搭配更加轻便的圆领袍衫。

层层叠叠的裤子！

到了宋朝，开裆裤又流行了起来，人们会穿上好几层裤子，那个时期，穿裤子实在是件麻烦事。

先穿上合裆的裤子。

还是有点儿冷呀，再穿条开裆裤吧！

最后套上长衫，什么都看不见了！

宋朝开裆裤前后都有遮挡，只是由于裁剪不贴身，为了不"卡裆"，前裆和胯下不缝合，也称作"袴"。

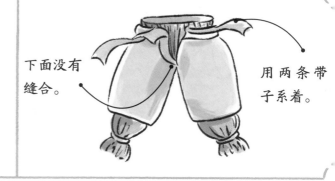

下面没有缝合。

用两条带子系着。

女生穿裤子的前两步和男生的步骤一样。

合裆裤!

开裆裤!

最后外穿一条装饰的裙子!

劳动的时候,穿裤子更方便!

劳动时还是穿裤子最方便,宋朝的劳动妇女们就喜欢直接穿合裆裤,这种裤子裤腿较短,便于劳动。

最重要的是方便！

　　不管裤子的款式怎么变，新款裤子也只会在有地位、有文化的士人之中流行。大部分劳动男子几乎一直是短衣配长裤，因为这一身干活最方便。

士人的潮流我不懂，别耽误我干活。

为了行动方便，人们会在膝盖处系一条绳带，把裤子固定，或者把整个裤脚都系上。这些都属于缚裤。

劳动女子有时也不穿长裙，而是用短裙配长裤，干活方便最重要。

裤子就要"秀"出来!

到清朝,裤子可以单穿了!清末,女子裤脚上普遍会绣花,外面也不再套裙子,让裤子从打底穿着变成了外穿,成为真正的时尚单品。

这裤子上的花真好看!

这花可是我们自己绣的呢!

而那个时候的欧洲地区，依然不允许女子穿裤子。

不是只能穿裤子！

清朝之后，随着古代王朝的消失，女子终于不用再想办法把腿裹得严严实实，可以选择不穿长裤了。

民国流行的旗袍可以长，可以短，侧面的开衩可以高，可以低，能展现女孩子们的美丽。

既修身又优雅

　　不光女子们换了下装，男子们也换上了修身又挺拔的西装裤和中山裤，脱下穿了千百年的传统中式裤。

中山装、西装的裤子与传统中式裤比起来，裁剪更加贴身，束腰的方式也从系带变成了拉拉链和系扣子。

腰部用拉链和扣子固定。

裤子的历史就这么结束了吗？

当然不是啊！

永不消失的裤子

在悠悠历史中，中国人穿的裤子不停地换啊换，但没有哪种裤子是被真正淘汰的，它们只不过换了个样子，依然活跃在人们的生活中。

宋裤被改良成了新的时尚单品。

开裆裤因为上厕所很方便，成为小孩子的专用裤。

背带裤换了新的布料和花纹式样，又成为一种新时尚！

胫衣演变成只包裹腿部的护膝，部分少数民族中依然流行这种穿法。

冬天非常冷时，人们可能会在裤子外再裹一层棉或皮制的护膝。

外卖小哥穿着皮质护膝送餐，这样骑车的时候腿就不会被冻到啦。

想怎么穿就怎么穿

衣裳的演化带给我们的不是一轮又一轮的淘汰，而是一轮又一轮的更多选择。

改良宋裤

西装裤

工装裤

喇叭裤

背带裤

五分牛仔裤

平角裤

三角内裤

小脚裤

现在的我们想穿什么样的裤子，都能尽情选择！

这么多的裤子，你最喜欢哪一种呢？

109

知识加油站

≫ 裤子的那些事儿

先秦时期不能箕踞

箕踞就是两腿伸直张开着坐，穿开裆裤这么坐极易走光，所以被视为一种很不雅观的动作。孟子就曾因为妻子箕踞而要休妻。

我错了，不休了……

人家在自己屋里想怎么坐就怎么坐，谁让你不敲门就进入房间的？

孟母

荆轲刺秦王失败后，曾对着秦王"箕踞"，显示自己对秦王的轻蔑。

不务正业的富家子弟叫
纨绔子弟

　　以前，有钱人家会用贵重的丝织品——纨做裤子，叫作"纨袴"，又作"纨绔"。所以那些游手好闲的富家子弟又被叫作"纨绔子弟"。

糟心事太多是"虱处裈中"

　　因为古代没有松紧带，所以对于不开裆的裈，必须解开衣带才能抓痒。虱子躲在裤缝里面，就会想抓又抓不到。"虱处裈中"被用来形容生活窘迫、局促。

知识小趣闻

≫ 裤子救了一条命

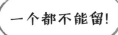

一个都不能留!

春秋时期，晋国一个叫屠岸贾的大臣，因为跟赵盾有矛盾，便设计谋害赵家满门。

赵夫人是晋景公的姑姑，屠岸贾不敢害她，但是在她的住处到处搜查，要求她把儿子赵武交出来。

给我搜!

112

当时赵武还是个小婴儿，赵夫人情急之下，把赵武藏在了自己的裤子里。屠岸贾没有搜到这个小婴儿，赵武因此保住了一命。

这时候赵夫人穿的就是袴，宽大的裤腿能藏入一个刚出生的小婴儿。可以说是一条救命的裤子了。

裤子小史

原始时期	 上衣　　下裳	人们不穿裤子，统一穿上衣和下裳。
春秋战国时期	 无裆裤　　开裆裤	人们把无裆裤或开裆裤穿在衣服里面。
魏晋南北朝	 大口裤　　缚裤	人们把裤子和裳相融合，出现了大口裤、缚裤。
唐宋时期	 袍衫　　窄裤	人们流行穿袍衫窄裤。
民国时期	 旗袍　西装裤　中山裤	女性流行旗袍，男性穿上了西装裤和中山裤。
现代	 背带裤　小脚裤　喇叭裤	裤子得到改良和创新，材料、款式多样，如背带裤、小脚裤、喇叭裤。

现在，裤子成为我们的日常服饰，它的功能由最初的遮羞御寒，发展到实用好看。裤子既能反映人的个性和品味，也能体现社会风尚和民族风俗。

古人鞋子
花样多

鞋子诞生啦！

　　很久很久以前，人类祖先开始直立行走。虽然解放了双手，但以往四只脚承担的走路任务分担到两只脚上，多少有些"不堪重负"。

有一天，祖先们灵机一动，将剥下来的兽皮包裹在脚上，做成了最原始的鞋——裹足皮。

这样暖和多了！

裹足皮：把兽皮裁成块，包住整只脚，再把剩余的兽皮裁成细条用来固定，裹足皮就做好了。

缝出来的鞋子

后来，人们发明了一样重要的东西——针。于是有人对裹足皮进行改造，做成了真正意义上的鞋。

这样可以节省好多兽皮！

褶脸鞋：按照脚的长度裁好兽皮，再把鞋面上的兽皮用针线按照鞋形缝合。有时会在鞋帮上穿上兽皮条便于固定。

这个造型很时尚哟！

人们又发现鞋子穿的时间长了，它的不同部位磨损程度不一样，所以把不同的兽皮缝在一起，做成耐磨又好穿的缝绱（shàng）鞋。

鹿皮耐磨，放在鞋底。

熊皮保暖，做成鞋帮。

缝绱鞋：用针线把原本不是一体的鞋帮和鞋底缝制在一起的鞋。

草木在脚，晴雨不愁

一定有办法的……

我编……

木板鞋做工简单，却有些硌脚。据说，黄帝有一个名叫不则的臣子。这个臣子非常聪明，他想到草这么柔软，为什么不用草来做鞋呢？

成功了！这样鞋底更软和了！

好聪明啊!

草鞋：将草搓成绳子，编成鞋底和四周的环扣。绳子穿过环扣将鞋固定在脚上。

环扣和鞋底是一体的。

没有合适的鞋子，刮风下雨、天气炎热时怎么出行呢？古人为这件事犯了难，后来他们注意到两种随处可见的制鞋材料：木头和草。

将草和木头简单加工一下……

这样在泥水里走路也不怕了！

木板鞋：把木头削成薄板，打上孔，将草搓成绳子穿过孔系到脚上。

越来越精巧的鞋子

　　到了商周时期，人们已经开始用葛布和丝绸等来制作鞋子。新式鞋子穿起来比以往的鞋子舒服多了。

这个时候的鞋子叫作屦（jù），样式和做工都越来越考究。

鞋子变味了

  随着文明发展，礼制出现，严格的等级制度也随之而来，还体现在了鞋子上。只有贵族才能穿精美华丽的绸缎鞋，平民百姓只能穿用葛、麻或者草做的鞋子。

商周时，等级最高的鞋叫作"舄"（xì），除了用昂贵的绸缎做鞋面外，最重要的是鞋底是双层的，上层是用麻或皮革做的，下层是用木料做的。舄主要出现在重要的礼仪场合，只有尊贵的帝王、诸侯和大臣才可以穿。

穿鞋还有这么多规矩。

穿革靴，打胜仗

战国时期，赵国国君赵武灵王为了让军队更强大，大胆推行胡服骑射，学习北方游牧民族的军事文化之长，引入他们的服饰、装备和战术。因此，北方民族的革靴也跟着一起传入了中原。

革靴方便耐穿，又能保护脚腕，因此成为军人的最爱。

革靴：当时的靴子都是皮革材质的，因此被称为革靴。

所有人都爱穿的鞋子

有没有一种鞋是所有人都能穿的呢？当然有，就是木屐（jī）！从平民到士人，甚至皇帝，都喜欢穿这种走路时嗒嗒作响的木底鞋。

防水耐磨，居家旅行必备！

还能增高！

木屐：用木头做底的鞋，一般鞋底有两个高齿，前后差不多一样高。也有只有后跟的单齿木屐。

这不就是高跟鞋？

文人雅士尤其喜欢木屐，晋末名士谢灵运还发明了一种专门用来登山的木屐——谢公屐。这几乎成了他游山玩水的必需品。

寄情山水！

谢公屐：将木屐的两个齿做成可拆卸的，上山时拆掉前齿，下山时拆掉后齿，便于走山路。

漂亮又实用的鞋子

古时人们最常穿的还有丝履，因为中原人以穿长裙、长衫为主，而丝履常带有又高又翘的鞋头，走路时抬起脚，鞋头会把裙摆撩起来，这样人就不容易被裙子绊倒了。

翘头履：鞋子前端加高，穿着时鞋头在裙摆外面。鞋的翘头设计上古时就已出现，到了汉代出现了"歧头履"，也就是在头部分叉的鞋。

到了唐朝，女子们的翘头履花样繁多，各种各样的翘头履让人目不暇接。

办公专用靴

提起繁荣的大唐，绕不开诗仙李白。相传李白在皇宫里醉酒作诗，居然让当时位高权重的太监高力士给他脱靴。

这种靴叫乌皮六合靴，在隋唐时期成为官靴，帝王百官在上朝时穿六合靴成为一种制度。

哇！

乌皮六合靴："乌"指黑色，"六合"指鞋子主体用七块皮料缝合而成，因看上去有六条缝，寓意东、南、西、北、天、地六合。所以这种靴也称乌皮六缝靴。

这可是官员的象征！

不好的鞋子！

　　并不是每种流行的鞋子都很好穿。相传五代十国时期，南唐后主李煜有个善跳舞的妃子，她为了使舞姿更加轻盈婀娜，曾用布帛把双脚裹缠成新月状。

跳得真美！

然而，随着古人过分追求脚的小巧，缠足逐渐变了味儿，成了一项陋习。女子缠足从宋朝开始越来越普遍，直到民国时期才被完全禁绝。

缠住了脚，女子都不好走路了！

莲鞋：缠足女性所穿的鞋。缠足时需要用布条把弯折后的脚牢牢缠住，直到把脚变成弓一样的形状。缠足对女性身体和心理的伤害都很大。

看着就好痛！

便宜才是硬道理

缠足这么伤害身体，在古代居然还曾是有地位的人家的象征。大部分的底层劳动人民不会缠足，因为太耽误干活了！劳动人民的鞋还是以便宜实用为主，争取用最少的钱发挥最大的作用。

暖鞋：用蒲草编出圆头草鞋，再在里面添上芦花、鸡毛或棉毡等保暖的材料，用来御寒。

保佑平安的鞋

　　小孩子也有专属的鞋——虎头鞋！关于虎头鞋还有个故事呢！传说有一个擅长绣花的女子给自己的孩子绣了一双虎头鞋。有一天，村子里突然来了只可怕的怪物，其他孩子都被怪物袭击了，而那个穿着虎头鞋的孩子却一点事儿都没有。

我也想穿虎头鞋！

虎头鞋：在布鞋的鞋头处绣上老虎的图案，往往色彩鲜艳。

村里的人都说，是虎头鞋保护了这个孩子。从那之后，大家都喜欢给小孩做虎头鞋，希望孩子平安健康长大。

不分左右脚

其实，古代的鞋子都不分左右脚。古人制鞋的材料大多比较柔软，鞋子也做得比较宽松，因此不会因为左右脚有区别而穿不上。

直到 1876 年，上海浦东人沈炳根
才成功制出中国第一双分左右的皮鞋。

《新时代，新流行》

到了民国时期，社会发生了翻天覆地的变化，随着西方的皮鞋被引入中国，男子的鞋子主要分成两种。

女孩子也终于不用裹脚了！小小的莲鞋逐渐被更舒适的绣花鞋和更时尚的小皮鞋、高跟鞋取代！

万变不离"鞋"宗

多年以来，鞋子虽然发展出了各种各样的造型，但主体部分其实一直没有什么变化。

在鞋子上绣花依然很时尚。

从布鞋发展而来的"千层底"是很多人的心头好。

木板鞋变成现在的木底拖鞋，健康防水，很多人都很喜欢。

直到现在，把不同材料的鞋底和鞋帮缝在一起的工艺依然叫缝绱。

革靴在不断地中西合璧后，出现了更多的造型。还有了棉靴和布靴。

小孩穿的除了虎头鞋，还有鹿头鞋、兔头鞋，这些鞋子都寄托了大人们对孩子美好的祝愿。

满满当当的鞋柜

鞋子经过几千年的演变，受到不同民族文化的影响，在不断的融合和创新中，我们的鞋柜变得越发丰富多样。

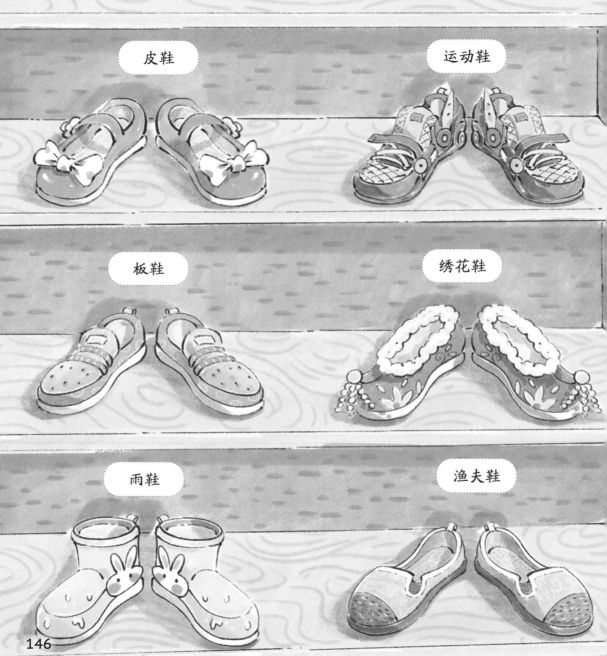

皮鞋

运动鞋

板鞋

绣花鞋

雨鞋

渔夫鞋

147

≫ 鞋子的各种讲究

汉朝上朝要脱鞋

因为汉朝时人们习惯于席地而坐，穿着鞋子容易踩脏地面，所以当时人们都要脱鞋上朝，同时表示对君主的敬意。

又要上朝了！

好想再睡会儿啊……

你在干什么？

瓜田不纳履

在瓜田里蹲下整理鞋子，看起来就像在偷瓜。瓜田不纳履用来比喻不要做容易让人误会的举动，以免被他人猜疑。

148

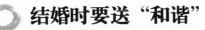
结婚时要送"和谐"

古代民间给新婚夫妇送的贺礼大多是一面铜镜和一双鞋，寓意祝愿夫妻"同偕到老"。

敬老要送寿鞋

在一些地方的习俗中，老人五十岁后，在六十、七十、八十岁时……子女都要送一双"添寿鞋"给老人，祝愿老人寿比南山。

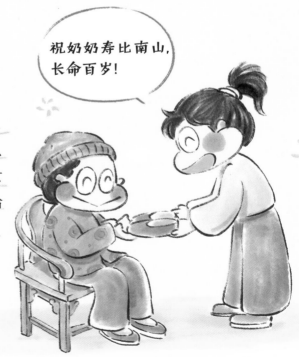

祝奶奶寿比南山，长命百岁！

≫ 一只鞋换来的传奇兵书

张良有一次在桥边散步，一个老人故意把鞋子掉到了桥下，让张良帮他捡回来。

张良有些生气，但想到老人年纪大了，还是帮忙捡回了鞋子并帮他穿上。老人突然哈哈大笑，让张良五天后来这里等他。

五天后张良来到桥头，老人因为张良来得比自己晚，生气地让他再过五天再来。第二次张良等鸡一叫就去了，但老人还是先到了。于是第三次，张良干脆在约定前一天的半夜就守在桥头等老人。

老人看到张良比自己早到，终于满意地交给他一本书。这本书是《太公兵法》，张良常常研读，最终帮助刘邦建立了汉朝。

鞋 子 小 史

原始时期

裹足皮

人们用兽皮包裹脚，做成了最原始的鞋子。

商周时期

草屦

麻屦

舄

平民穿草屦、麻屦等，贵族穿着丝织的舄。

战国时期

革靴

革靴传入中原，方便士兵打仗。

魏晋时期

木屐

上至皇帝，下至平民，都喜欢穿木屐。

唐宋时期

翘头履

花样丰富且美观实用，比如女性有各种款式的翘头履。

现代

运动鞋

长靴

运动鞋、长靴等现代鞋子种类繁多，适应不同出行需求。

鞋子，作为人们的必需品，有着漫长的发展历史。它的改良与创新，既照见了先民们的智慧，也体现了人们文化生活的变迁。